新版 なぞとき 恐竜大行進 8

たかしよういち 文
中山けーしょー 絵

# アパトサウルス

## ムチの尾をもつカミナリ竜

理論社

もくじ

←この角をパラパラめくると
ページのシルエットが動くよ。

ものがたり

# アパトのさくせん

# 見《み》はり役《やく》

いるいる、でっかいきょうりゅうたちが、
水《みず》べで草《くさ》を食《た》べている。
ひょろ長《なが》い首《くび》に、ひょろ長《なが》いしっぽの、
アパトサウルスたちだ。
年《とし》よりもいれば、子《こ》どももいる。
おすもいれば、めすもいる。
みんなで二〇ぴきほどの、

なかまたちだ。
おや、一ぴきだけ、
草《くさ》も食《た》べないで、
長《なが》い首《くび》をのばしたまま、
あっちを見《み》たり、こっちを
見《み》たり、きょろきょろ
しているやつがいる。

そいつの名《な》まえを「アパト」と、よぶことにしよう。
見《み》はり役《やく》のアパトは、なかまたちが草《くさ》を食《た》べたり、
ひるねをしたりして、やすんでいるときも、
ちゃんと見《み》はりをしている。
それは、いつなんどき、おそろしい
アロサウルスが、おそいかかって
くるかしれないからだ。
アロサウルスは、とても
ずるがしこいうえに、
すばしっこいあばれんぼうで、

肉《にく》を食《た》べる
きょうりゅうだ。
相手《あいて》がゆだんをしているすきに、
こっそりしのびよってきて、いきなり、
ガウーッ!
と、きばをむいて、とびかかってくる。
いったん、こいつにつかまったがさいご、
するどいつめでずたずたにされ、食《た》べられてしまう。
だから、草《くさ》を食《た》べるきょうりゅうたちは、いつも
ゆだんができない。

草《くさ》を食《た》べるきょうりゅうたちは、ちょうどシマウマやキリンのように、いつもみんな、かたまってくらしている。

そして、そのまわりにはかならず、見《み》はりをつけているのだ。その見《み》はり役《やく》がアパトというわけだ。

見《み》はりは、敵《てき》のすがたを見《み》つけたら、すばやくなかまに知《し》らせ、なかまを安全《あんぜん》なところに、にがさなければならない。

# アパトのいねむり

太陽《たいよう》がぎらぎらてりつける天気《てんき》の日《ひ》は、
見《み》はりだってらくじゃない。
見《み》はり役《やく》のアパトも、ついこっくり、
こっくり……、いねむりをはじめた。
だが、そんなときが、いちばん
あぶないのだ。
ほら、来《き》たぞ来《き》たぞ。アロサウルスが

やって来《き》たぞ。

目《め》をさませ、アパト。

だが、アパトはまだ、こっくりこっくりやっている。

あばれんぼうのアロサウルスは、川岸《かわぎし》のしげみから、体《からだ》をかがめながら、草《くさ》を食《た》べているアパトサウルスのむれめがけて、足《あし》ばやに近《ちか》づいてきた。

「しめしめ、あの、まぬけな見《み》はり役《やく》、いねむりなんかしてやがる。しめしめ！」

アロサウルスは、にたりとした。

アパトサウルスのなかまたちは、アパトが見《み》はりをしているので、すっかりあんしんしきっていた。

ツイーッ！

ツイーッ！

シソチョウ（始祖鳥《しそちょう》）が木《き》の上《うえ》で、けたたましくないた。

「来《き》たぞーっ！　あばれんぼうだぞーっ！」

と、教《おし》えてくれたのだ。

うとうと……と、いねむりをしていたアパトが、
はっ！　と気《き》づいたときは、もうおそかった。
ガウーッ！
大《おお》きなうなり声《ごえ》をあげたアロサウルスは、
アパトサウルスのむれめがけて、
とびかかっていた。

**ちびすけがあぶない！**

まわりのさわぐ声《こえ》に、びっくりして

とびおきたアパトは、大声《おおごえ》でさけんだ。

「クワーッ！（水《みず》の中《なか》へにげろ！）」

ザブーン！　サブーン！

アパトサウルスたちは、

つぎつぎに川《かわ》にとびこんだ。

アロサウルスは泳《およ》げないから、水《みず》がきらいなのだ。

アパトサウルスは、体《からだ》がでっかいうえに首《くび》が長《なが》い。

アロサウルスがやって来《こ》られない、ふかい水《みず》の中《なか》ににげ、頭《あたま》だけ出《だ》して、アロサウルスのほうを見《み》た。


（ここまでおいで、エッヘッヘェ）


とでもいうように、アパトサウルスたちは、水《みず》の中《なか》からアロサウルスのほうをふりかえった。

だがそのとき、アパトのなかまたちはぎょっとした。

なんとしたことだ、にげおくれたやつがいたのだ。

なかまのめすと、その子《こ》どものちびすけだ。

アロサウルスは二ひきに追《お》いつくと、グオーッ！
とさけび、川《かわ》を背《せ》にして立《た》ちはだかった。
ちびすけはまだ小《ちい》さな子《こ》どもで、足《あし》がおそいから
にげおくれたのだ。ちびすけを守《まも》ろうとして、
おかあさんもにげおくれた。
アロサウルスはとりあえず、ちびすけに
ねらいをさだめた。
グオーッ！
すさまじいさけび声《ごえ》をあげたアロサウルスは、
ちびすけめがけて、大《おお》きな口《くち》をひらいた。

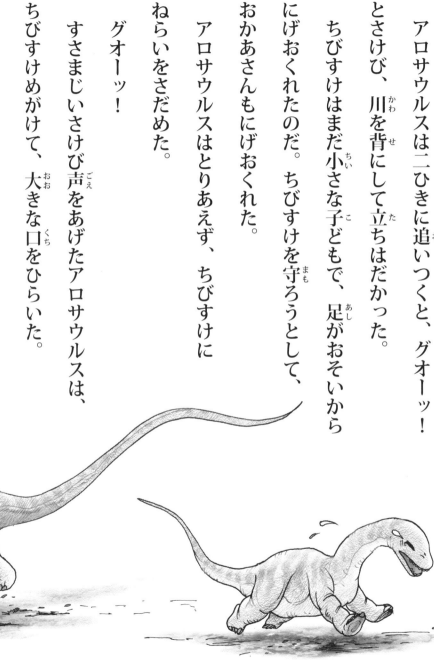

びっくりしたちびすけは、そのまっ赤《か》な口《くち》からのがれようと、川《かわ》とはんたいのほうへにげようとした。

あぶない！

アロサウルスのするどいつめが、ちびすけの頭《あたま》をガシーッ！　と、つかもうとした、そのとき、

ドーン！

横《よこ》っちょから、めすがアロサウルスに体《たい》あたりした。

わが子《こ》を守《まも》ろうとして、思《おも》わずとび出《だ》していったのだ。

ふいをくらったアロサウルスは、
どすーん！　と、しりもちをついた。
「クイッ！　クイッ！（ほら、急《いそ》いで！
川《かわ》のほうへにげるのよ！）」
めすは、ちびすけに向《む》かってさけんだ。
そのことばに、気《き》をとりなおしたちびすけは、
ころがるように川《かわ》へにげこんだ。
グオーッ！
しりもちをついたアロサウルスは、すばやくおきあがり、
大声《おおごえ》をあげてめすにとびかかった。

アパトサウルスとアロサウルスの、はげしいたたかいがはじまった。

だが、草食《そうしょく》のめすと肉食《にくしょく》のおすでは、どうがんばっても、勝《か》てる相手《あいて》ではなかった。

アロサウルスの大《おお》きな口《くち》は、ついにめすの首《くび》にがぶりとかみついた。

## ちびすけのかあさん

川《かわ》にとびこんだちびすけを、川《かわ》の中《なか》から、

はらはらしながら見守《みまも》っていた
アパトサウルスたちがとりまいた。

キーキーキー

ちびすけは、かあさんをよんで、しきりにないた。

かわいそうなめすのようすを、ちびすけに見《み》せないように、アパトは川《かわ》の中《なか》を、なかまのアパトサウルスたちといっしょに、向《む》こう岸《ぎし》へ向《む》かった。

アパトは、川《かわ》のふかいところでは、ちびすけの首《くび》をくわえて、持《も》ちあげてやった。

キーキーキーキー

それでもちびすけは、かなしい声《こえ》でなきつづけた。

向《む》こう岸《ぎし》についたころには、太陽《たいよう》がしずみ、
あたりは暗《くら》くなった。
もう、ちびすけのかあさんはいない。
ちびすけはさびしそうに、なんども、
なんども、かあさんをよんで、
なきつづけている。
見《み》はり役《やく》のアパトは、ちびすけの
そばにずっとつきそって、やさしく
声《こえ》をかけた。
そして、ちびすけといっしょに、

草《くさ》むらでねた。
それから、なん日《にち》かたった。
アパトサウルスたちは、あいかわらず
草《くさ》を食《た》べながら、川《かわ》のそばでくらしていた。
草《くさ》を食《た》べたあとは、川《かわ》の中《なか》にはいって
のんびりと遊《あそ》ぶ。
体《からだ》のでっかいアパトサウルスは、
もともと陸《りく》でくらす動物《どうぶつ》だが、水《みず》の中《なか》がすきだ。
なぜって、水《みず》の中《なか》だと、体《からだ》がふわーっとうくから、
重《おも》い体《からだ》をもてあますアパトサウルスたちにとっては、

とてもらくちんなんだ。ちびすけもみんなといっしょに、川《かわ》の中《なか》で体《からだ》をうかすれんしゅうをはじめた。ちびすけは、かあさんがやられてしばらくは、すっかりしょげて、ないてばかりいた。でも見《み》はり役《やく》のアパトをはじめ、なかまのみんなが、けんめいにはげましてくれたおかげで、ちびすけはしだいに、元気《げんき》をとりもどしていった。

アパトは、あいかわらず見《み》はり役《やく》だ。みんなが草《くさ》を食《た》べているあいだじゅう、アパトはとくべつ

ちゅういぶかく、あたりを見《み》はっていた。
また、いつなんどき、おそろしい
アロサウルスがやって来《く》るか
しれないからだ。

# また、あいつが来《き》た！

とつぜん、見《み》はり役《やく》のアパトは、はっとふりかえった。
向《む》こうの木《こ》かげに、なにかうごくものが見《み》える。
アパトは、こんどこそ見《み》のがさないように、じーっと
相手《あいて》のうごきを見《み》はっていた。
そいつは、だんだんこっちへ近《ちか》づいてくる。
あいつだ！　アロサウルスだ。あのあばれんぼうだ！
そいつは、ちびすけのかあさんをたおしてあじをしめ、

こんどもまた、アパトサウルスのむれをねらって、こっそり近《ちか》づいてきたのだ。

だがアパトは、もう、ねてなんかいない。相手《あいて》のうごきを、じっと、ちゅういぶかく見守《みまも》りながら、グオッ、グオッ、グオッ……と、小《ちい》さい声《こえ》でないた。

「みんな、ようじんしろ。あばれんぼうが、やって来《く》るぞ」

と、なかまに知《し》らせたのだ。

その声《こえ》に、せっせと草《くさ》を食《た》べていたアパトサウルスの

なかまたちは、みんないっせいに、アロサウルスのようすをうかがった。

近《ちか》よってきたアロサウルスは、そっと立《た》ちどまると、ひょこひょこ首《くび》をうごかしながら、アパトサウルスたちのようすを、木《き》のかげからうかがっているようだ。

アロサウルスのおなかは、ぺこぺこだった。きのうから、なんにも食《た》べていない。

小《ちい》さなトカゲを見《み》つけて、二ひき食《た》べただけだ。なんとかして、でっかいアパトサウルスをたおして、たらふく肉《にく》が食《た》べたい。アロサウルスはあせっていた。

# アパトのさくせん

とつぜん、見《み》はり役《やく》のアパトが、あばれんぼうのほうへ、とことこ……歩《ある》いていった。

なんてこった、やめろ！　やめろ！　あぶないぞ！

みんなはびっくりして、口《くち》ぐちにさけびながら、アパトのようすを見守《みまも》った。

そんな声《こえ》を気《き》にもしないで、アパトはアロサウルスにどんどん近《ちか》づいていく。

アロサウルスは、しめた！　と、思《おも》ったのだろう。

（ばかなやつめ。そっちから、わざわざやって来《く》るとは、よっぽどまぬけなやつだ、おまえは）

と、いわんばかりに、アロサウルスは身《み》がまえた。

アパトは、アロサウルスがかくれているのを、ちゃんと知《し》っていたのだ。

アパトは立《た》ちどまると、アロサウルスのかくれている、しげみのほうをじっと見《み》た。そしてとつぜん、

「キェーッ！（ばかもの！）」

と、いうなり、ぺろりとしたを出《だ》したのだ。

それを見《み》たアロサウルスは、カッ！　となった。
（このやろう、よくも、おれさまを、ばかにしたな！）
アロサウルスは、しげみの中《なか》からいきなりとび出《だ》した。
待《ま》ってました！　とばかりに、アパトはにげだした。
だが、アロサウルスのほうがだんぜん速《はや》い。
アロサウルスはうしろ足《あし》で、とぶようにかける。
アパトは、よつんばいのうえに、子《こ》どもでも
巨体《きょたい》だから、そんなに速《はや》くは走《はし》れない。
アロサウルスは、どんどんうしろへ
せまってくる。

あぶない！
なかまのアパトサウルスたちは、
はらはらしながら、この
ようすに息《いき》をのんでいた。

# アパトのたたかい

追《お》いついたアロサウルスの足《あし》が、
アパトのしっぽをふんづけた。
そのとき、アパトのしっぽは、
ヒューッ！　と、音《おと》をたてて、
上《うえ》にはねあがった。
バシーッ！
アパトのしっぽにひめた強力《きょうりょく》な

ムチが、うしろからとびかかってきたアロサウルスの頭《あたま》を、力《ちから》いっぱいひっぱたいたからたまらない。

グアッ！

頭《あたま》をひっぱたかれたアロサウルスは、いっしゅんクラクラッ！　と、よろめいた。

そのすきにアパトは、ドッドッドッドッ……地面《じめん》をふみならしながら、どんどんにげていく。

でも、頭《あたま》をひっぱたかれたくらいで、アロサウルスはひるまない。すぐさま、あとから追《お》いかけてくる。

アパトはとつぜん、くるっと向《む》きをかえた。川《かわ》のほうをめざして向《む》きをかえ、どんどんにげた。

（ようし、こんどこそ、にがさんぞ）

アロサウルスは全速力《ぜんそくりょく》で、アパトを追《お》いかけた。

アロサウルスの足《あし》は、速《はや》い。

あっ、もうだめだ。つかまってしまう！

キキキキキーッ！

アパトのようすを、さっきから見《み》つめていたちびすけは、アパトがいまにもつかまりそうなので、ひめいをあげた。だが、そこはもう川岸《かわぎし》。しかも、

高《たか》さが五メートルいじょうもあるがけだ。
ガウーッ！　すさまじいほえ声《ごえ》をあげて、
アロサウルスがアパトのうしろからとびかかった。
そのしゅんかん、アパトは思《おも》いっきり、がけの
上《うえ》から川《かわ》へ向《む》かってとびこんだ。
ザッブーン！　ザッブーン！
水《みず》しぶきが、つづけて二度《ど》、高《たか》くあがった。
アパトと、それに、うしろからアパトに
とびかかったアロサウルスも、川《かわ》の中《なか》に
とびこんでしまったのだ。

# アロサウルスをやっつけろ

川《かわ》はふかい。アパトは首《くび》をすーっとのばし、
水《みず》の中《なか》から頭《あたま》を出《だ》して、しんこきゅうをした。

いっぽう、アロサウルスのほうはどうだろう。
アロサウルスは泳《およ》げない。それに、水《みず》が
だいきらいだ。大《おお》きな体《からだ》で川《かわ》にとびこんだ
のだから、それこそたまらない。

あっぷ、あっぷ、あっぷ……。

アロサウルスは、川《かわ》の中《なか》でもがいていた。
がぶがぶ、いっぱい水《みず》をのんだ。
川《かわ》は、どんどん流《なが》れていく。
クワーッ！
アロサウルスは、水面《すいめん》に顔《かお》を出《だ》して、
さいごのひめいをあげた。そして……、
ぶくぶくぶく……と、水《みず》の中《なか》にしずんだ。
水中《すいちゅう》から、長《なが》い首《くび》をのばしたアパトは、
グワッ！ グワッ！ グワッ！
と、ほえ声《ごえ》をあげた。

（どうだまいったか！　なかまのかたきうちだ！）
とでもいうように、うれしそうに声《こえ》をはりあげた。
キキーッ！
それにこたえて、川岸《かわぎし》ではちびすけが、
うれしそうにないた。
そしてちびすけは、いきなりアパトの
いる川《かわ》に、ひらりととびこんだ。
ドブーン！
なんてことをするんだ、ちびすけ！
なかまは、みんなおどろいた。

だが、しんぱいはいらないよ。だって川《かわ》の中《なか》には、
ちゃんとアパトがいるんだ。

アパトは、とびこんできたちびすけを、しっかりと
くわえた。

ほれ、ほれ、このとおり！

みんなはそれを見《み》て、クワッ！　クワッ！
クワッ！　と、いっせいに、よろこびの声《こえ》をあげた。

ちびすけも、アパトにくわえられたまま、
クワーッ！　と、うれしそうにないた。

きょうも朝《あさ》から、すばらしくよい天気《てんき》だ。
アパトサウルスたちは、川岸《かわぎし》でのんびりと草《くさ》を
食《た》べている。
そしてあいかわらず、見《み》はり役《やく》のアパトが、
きょろきょろあたりを見《み》まわして、
見《み》はりをつづけている。
その横《よこ》でちびすけが、せっせと草《くさ》を食《た》べている。
ちびすけは、もう、ちっともさびしくなんかない。
だって、見《み》はり役《やく》のアパトがいつもそばにいて、
ちびすけのめんどうをみていてくれるのだから。

なぞとき

# 草食《そうしょく》と肉食《にくしょく》のきょうりゅうたち

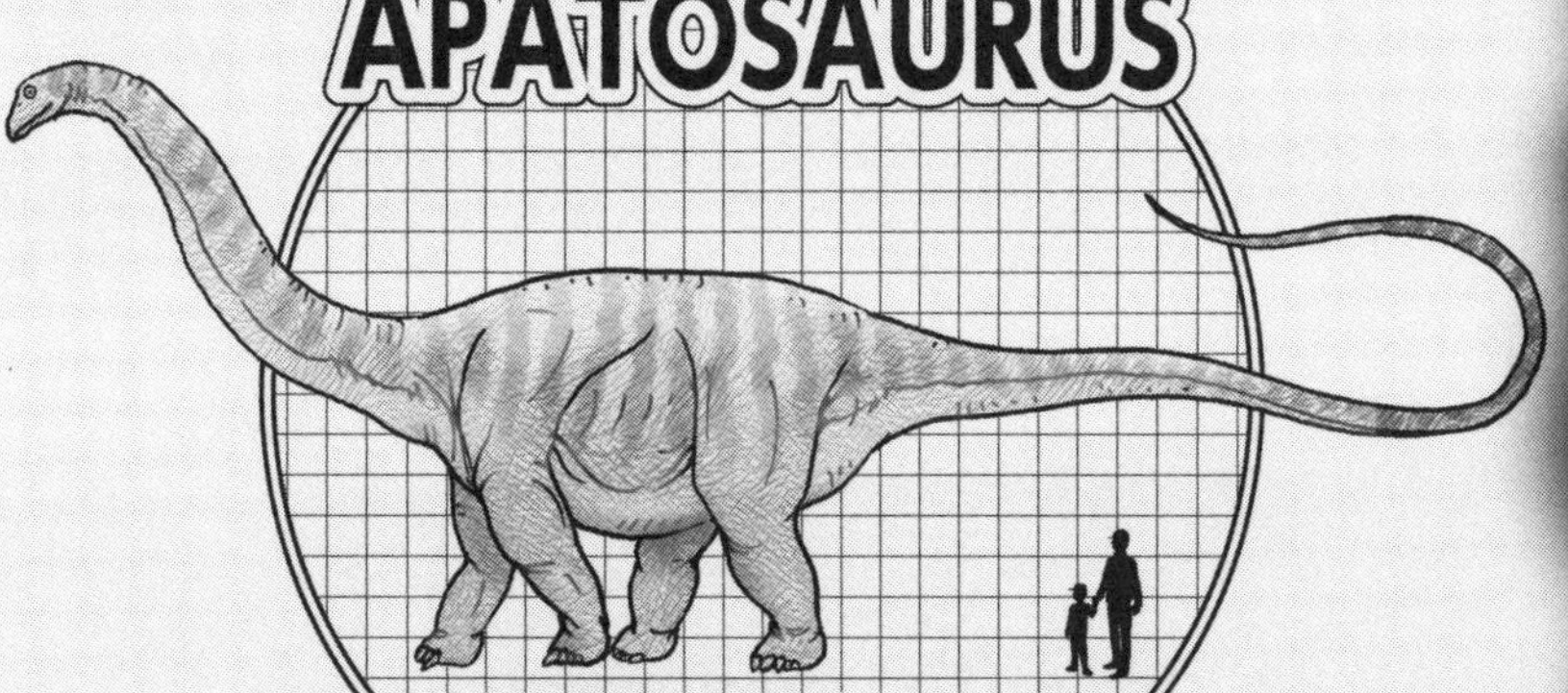

## 草食《そうしょく》のアパトサウルス

「アパトのさくせん」ものがたりには、二つの種類《しゅるい》の、ちがったきょうりゅうが出《で》てきました。

そのひとつは、見《み》はり役《やく》のアパトや、ちびすけなどの「アパトサウルス」です。

そして、もうひとつは、ちびすけのかあさんをころした「アロサウルス」です。

さて、この二つのきょうりゅうは、いまか

ら一億《おく》五千万年《せんまんねん》も大《おお》むかし「中生代《ちゅうせいだい》・ジュラ紀《き》」という時代《じだい》にすんでいました。

アパトサウルスは、草《くさ》を食《た》べるおとなしいきょうりゅうで、アロサウルスは、肉《にく》を食《た》べる、おそろしいきょうりゅうです。

この二つのきょうりゅうは、どこが、どうちがうのでしょうか。

まず、アパトサウルスのほうからお話《はなし》しましょう。

アパトサウルスは、べつの名《な》まえをブロントサウルス（雷竜《かみなりりゅう》）といいました。

時代《じだい》を代表《だいひょう》するきょうりゅうたち

なぜそんな名《な》まえがついたのか、といえば、このきょうりゅうが歩《ある》くときは、カミナリが落《お》ちたときのような、大《おお》きな音《おと》がしたにちがいない、と考《かんが》えられたからです。

体《からだ》の長《なが》さは二一～二六メートル、かたまでの高《たか》さは五メートルほどでした。体重《たいじゅう》は約《やく》一八～三二トンもあったといわれています。

ゾウの体重《たいじゅう》は、約《やく》五トンくらいですから、ゾウの六倍《ばい》もの重《おも》さだったわけです。

アパトサウルスは、アメリカで発見《はっけん》されたきょうりゅうですが、アパトサウルスに似《に》た

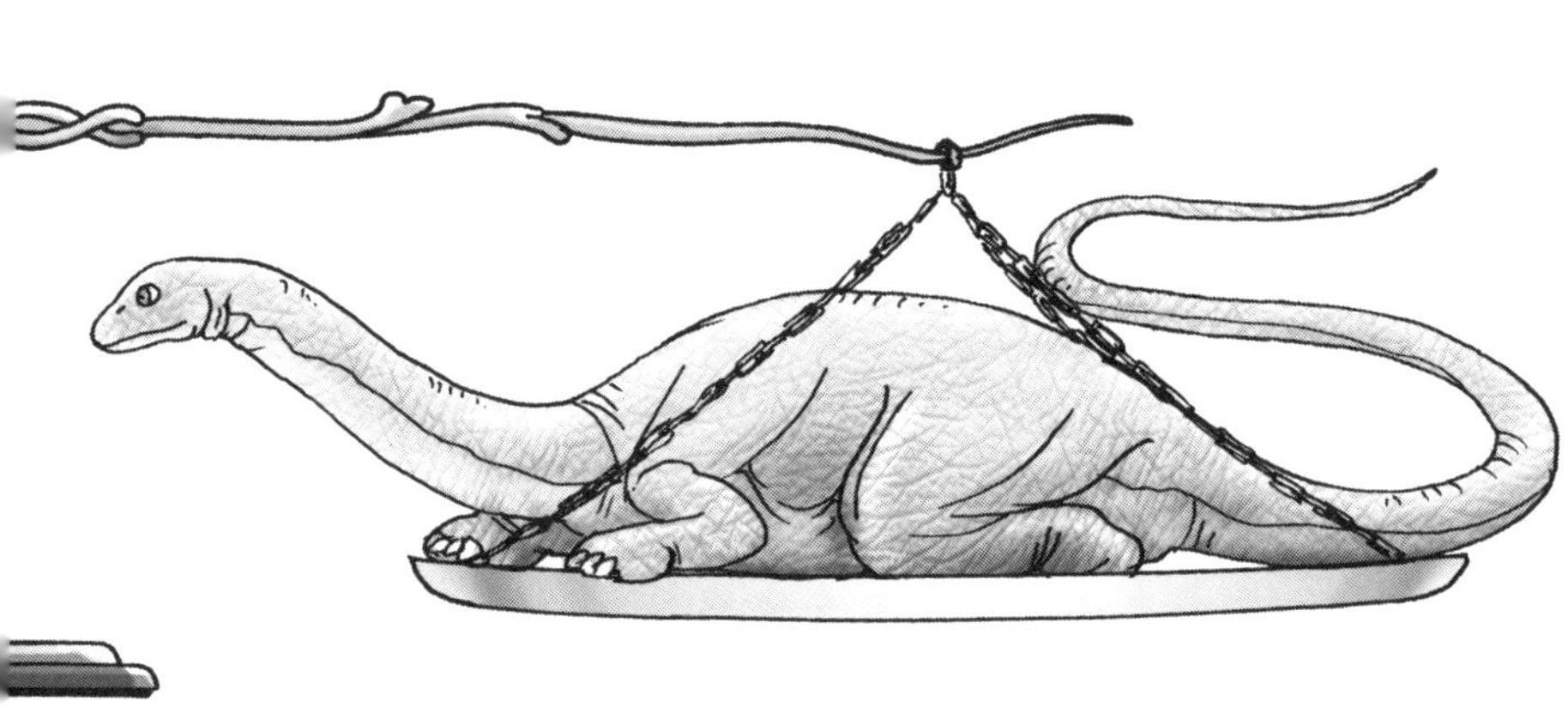

きょうりゅうは、世界《せかい》のあちこちで発見《はっけん》されており、科学者《かがくしゃ》は、そのなかまを「竜脚類《りゅうきゃくるい》（トカゲの足《あし》を持《も》つという意味《いみ》）」とよんでいます。

これまで発見《はっけん》された竜脚類《りゅうきゃくるい》の中《なか》で、いちばん大《おお》きいといわれているのは、アルゼンチンで発見《はっけん》されたアルゼンチノサウルスで、体《からだ》の長《なが》さは三五〜四五メートルもあります。

体重《たいじゅう》は、九〇〜一一〇トンともいわれ、シロナガスクジラほどの重《おも》さがあったと考《かんが》えられています。

でも、これでおどろいてはいけません。

その後《ご》、北《きた》アフリカのモロッコで、大《おお》きな足《あし》あとが見《み》つかりました。

それはブレピパロプスと名《な》づけられましたが、足《あし》あとから推測《すいそく》して、体長《たいちょう》四八メートルはあっただろう、といわれているのです。

ただ、足《あし》あとが発見《はっけん》されただけで、骨《ほね》の化《か》石《せき》は見《み》つかっていません。

また、東《ひがし》アフリカでも、トルニエリアと名《な》づけられた、全長《ぜんちょう》四八メートルと想像《そうぞう》される、巨大《きょだい》きょうりゅうも発見《はっけん》されています。

これも脛骨《けいこつ》と大腿骨《だいたいこつ》が見《み》つかっただけで、

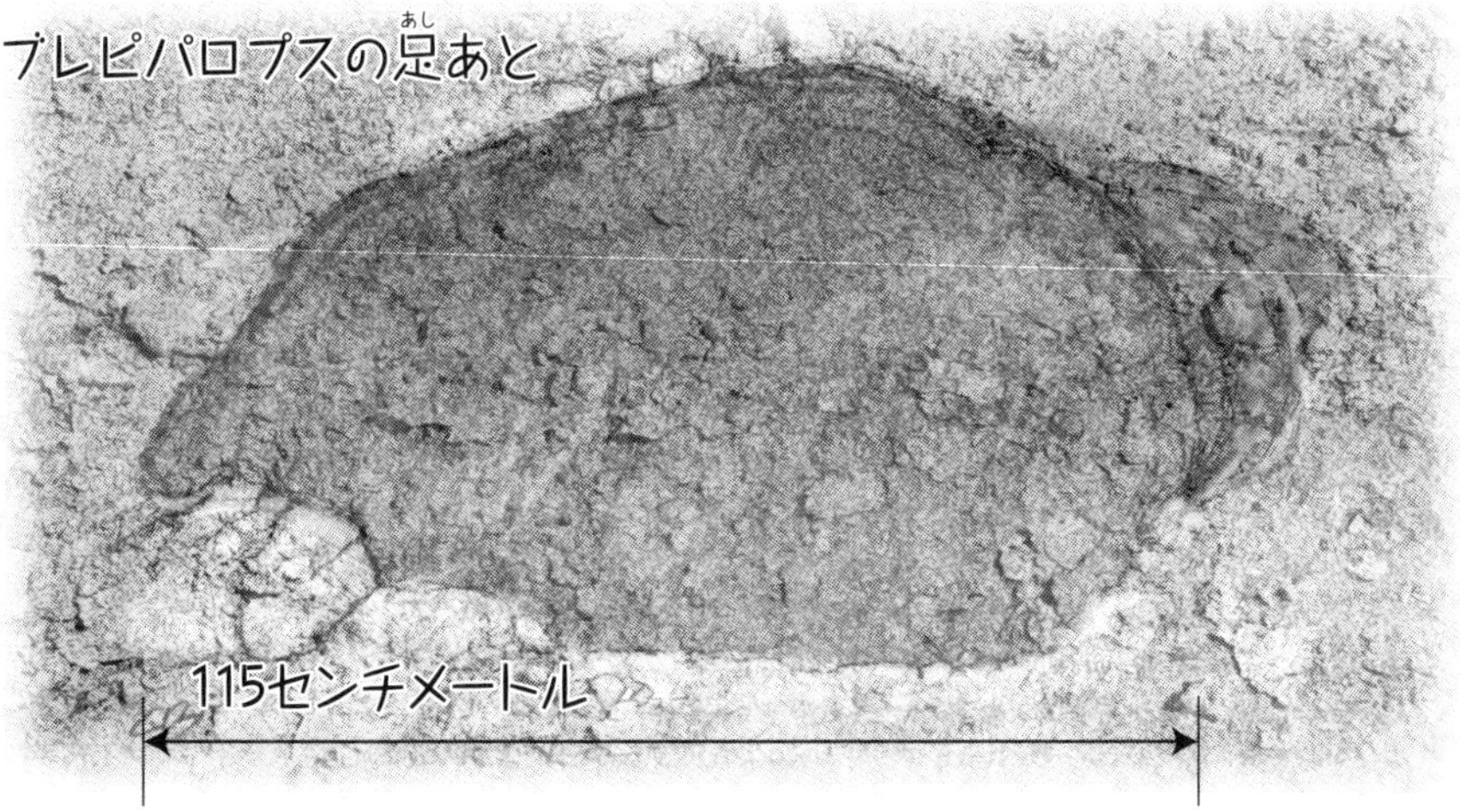

全体《ぜんたい》の正確《せいかく》な大《おお》きさはつかめていません。早《はや》くほかの骨《ほね》が見《み》つかるといいですね。

## 長《なが》い首《くび》と、長《なが》いしっぽ

さて、アパトサウルスの体《からだ》つきですが、大《おお》きなどう体《たい》に、長《なが》い首《くび》と、長《なが》いしっぽがついていました。

下《した》の骨組《ほねぐ》みをごらんなさい。長《なが》い首《くび》の先《さき》に小《ちい》さな頭《あたま》があります。

そして、その頭《あたま》の目《め》と目《め》のあいだに、あな

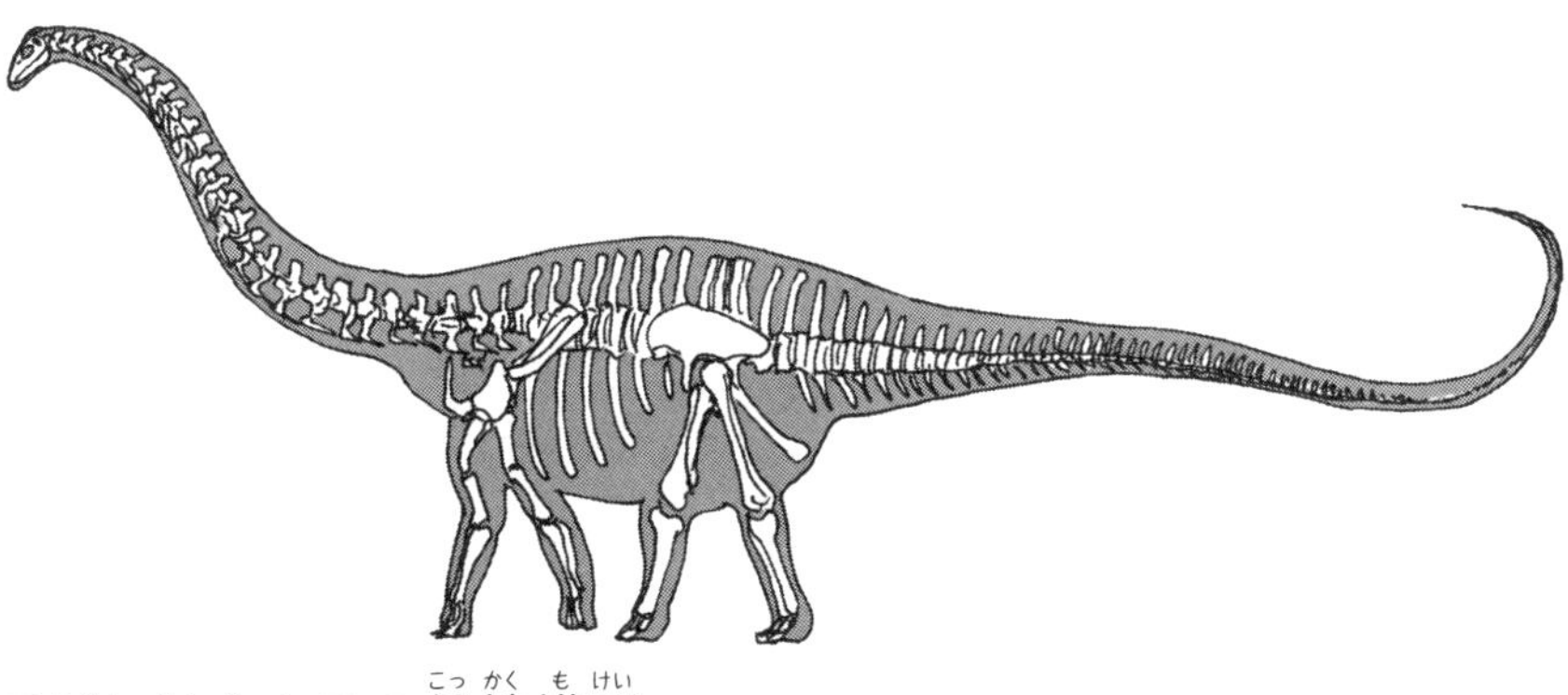

アパトサウルスの骨格模型《こっかくもけい》

があり、そのあなは鼻《はな》につうじていました。水《みず》の中《なか》にはいったとき、頭《あたま》の先《さき》だけを、ちょっと出《だ》しておけば、ちゃんと呼《こ》吸《きゅう》ができたのです。

アパトサウルスのなかまのきょうりゅうが、水《みず》の中《なか》にはいったのではないか、といわれるのはそのせいです。

歯《は》は、ちょうどスプーンやくいのような形《かたち》をしていて、あごの前《まえ》のほうにだけ、びっしりとはえていました。

しかし、とても細《ほそ》くてよわよわしく、その

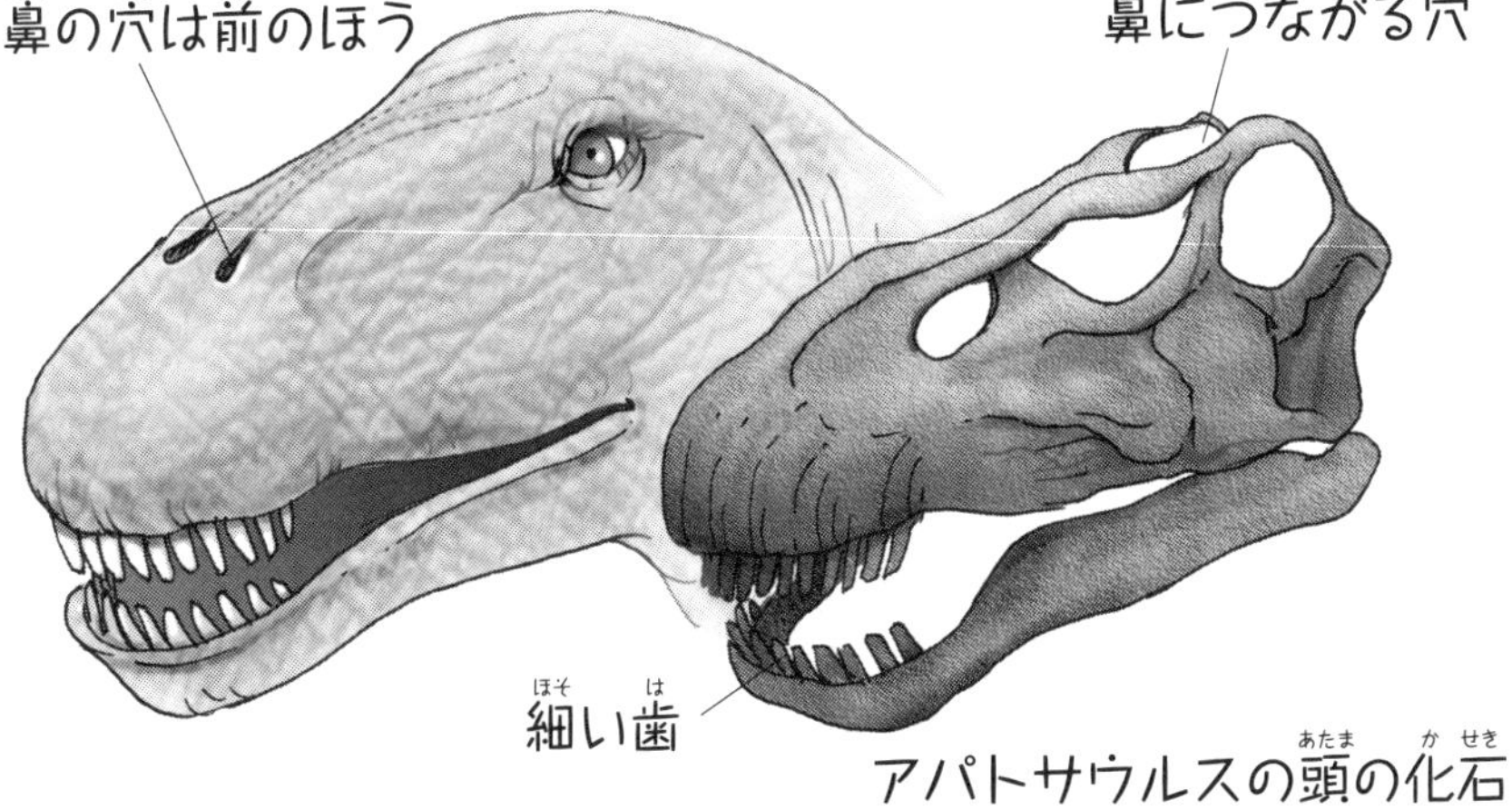

アパトサウルスの頭《あたま》の化《か》石《せき》

ことから、このなかまのきょうりゅうは、やわらかい草《くさ》しか食《た》べられなかった、と考《かんが》えられています。

ものがたりの中《なか》に、アパトサウルスのなかまたちが、水辺《みずべ》の草《くさ》を食《た》べているようすが出《で》てきましたね。

アパトサウルスのなかまたちは、あごの前《まえ》のほうについている、弱々《よわよわ》しい歯《は》で、やわらかい植物《しょくぶつ》をひきちぎって、そのままのみこんだのでしょう。

じつは、きょうりゅう化石《かせき》の発掘《はっくつ》では、よ

ゾウも鼻《はな》につながる穴《あな》は顔《かお》のまんなかにあります

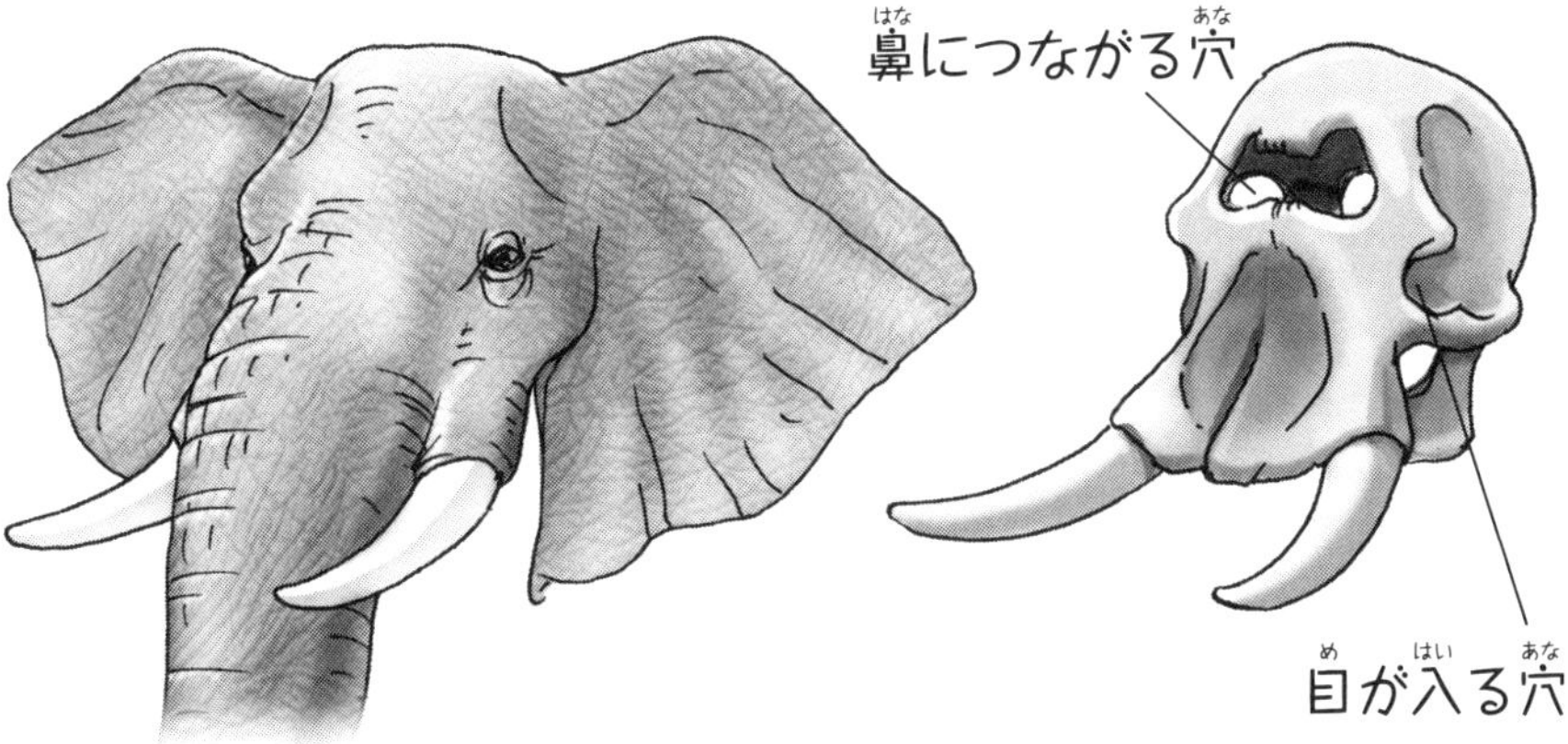

く、胃《い》ぶくろがあったと思《おも》われる、おなかのところから、こぶし大《だい》の石《いし》ころが、かたまって発見《はっけん》されます。

これは、「胃石《いせき》」といって、胃《い》ぶくろにのみこんだ食《た》べ物《もの》を、ごろごろとすりつぶすために、きょうりゅうがのみこんだ石《いし》だといわれています。

アパトサウルスの首《くび》は、ヘビのように長《なが》く、しっぽにいたっては、長《なが》くしなやかで、まるでムチのように強力《きょうりょく》でした。ものがたりの中《なか》でアパトが、追《お》っかけてきたアロサウルスの

頭《あたま》を、バシーッ！　とひっぱたくところが出《で》てきましたね。

アパトサウルスの長《なが》い首《くび》は、遠《とお》くから敵《てき》を見《み》はるのに役《やく》にたちました。

またキリンのように、高《たか》いところにある木《き》の葉《は》をとって食《た》べるのにも、たいへんべんりでした。

それともうひとつ、水《みず》の中《なか》にはいったとき、首《くび》をのばして頭《あたま》を水面《すいめん》に出《だ》し、呼吸《こきゅう》することができました。

アパトサウルスのうしろ足《あし》には、とがった

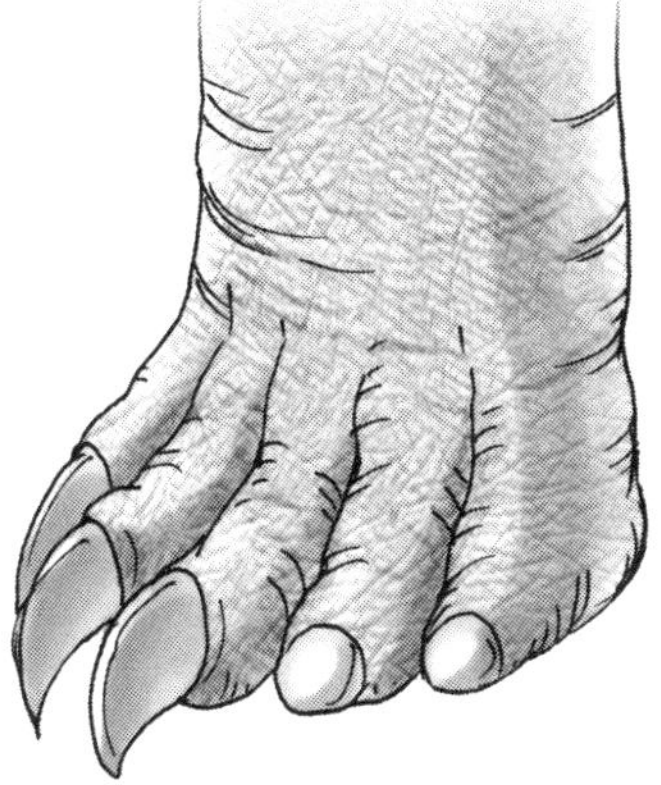

外観《がいかん》

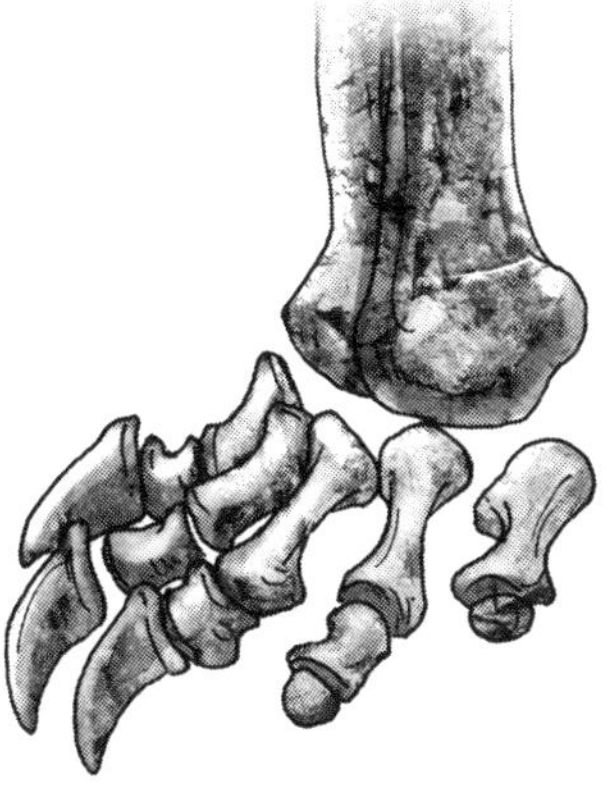

骨格《こっかく》

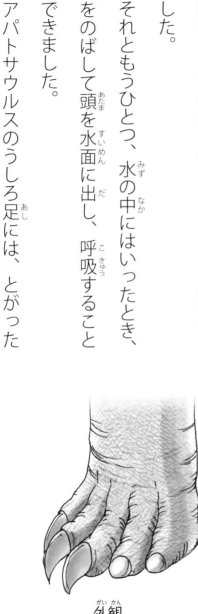

つめが三本《ぼん》ついていました。

このつめで、すべりやすいところをひっかけながら、歩《ある》いたのです。

アメリカのテキサス州《しゅう》で、アパトサウルスの足《あし》あとの化石《かせき》が発見《はっけん》されました。

その大《おお》きさは、直径《ちょっけい》が九〇センチメートルもあり、七〇リットルの水《みず》がはいり、そこで、子《こ》どもが水《みず》あそびをすることができました。

いったい、アパトサウルスたちは、どんな生活《せいかつ》をしていたのでしょうか。

ざんねんながら、だれひとりとして、アパ

トサウルスのじっさいの生活《せいかつ》を見《み》たものはいません。

また、いまいる動物《どうぶつ》の中《なか》にも、アパトサウルスとそっくりなものもいません。

そこで、いまいる動物《どうぶつ》の中《なか》の、ゾウやカバやキリンなどとくらべながら、きょうりゅうの研究家《けんきゅうか》たちが、いっしょうけんめい考《かんが》えました。

ある研究家《けんきゅうか》は、アパトサウルスは、ちょうどいまのトカゲやカメのように、よつんばいになり、はらを地面《じめん》につけて歩《ある》いていたので

よつんばいの復元《ふくげん》模型《もけい》

はないか、と考《かんが》えました。

また、ある研究家《けんきゅうか》は、ゾウのようになかまがかたまって、どうどうと地上《ちじょう》をのし歩《ある》き、敵《てき》は、前足《まえあし》でふみつぶした、と考《かんが》えました。

しかし、さいきんの研究《けんきゅう》では、三〇トンもある大《おお》きな体《からだ》を、四つの足《あし》でささえて、のっしのっし歩《ある》きまわることは、とてもできなかった、と考《かんが》えられています。

それよりも、ふだんは水辺《みずべ》にすんで草《くさ》を食《た》べ、いざ敵《てき》におそわれると、いまのカバのように水《みず》にはいってにげただろう、といわれて

いるのです。

たしかに水《みず》にはいると、大《おお》きな体《からだ》がうくので、体《からだ》をうごかすのがらくですし、それに、アロサウルスなど、肉《にく》を食《た》べるきょうりゅうたちは、水《みず》にはいれないので、うまくにげることができたでしょう。

前《まえ》にしょうかいした、テキサス州《しゅう》で発見《はっけん》された足《あし》あとを、アメリカのきょうりゅう学者《がくしゃ》、バード博士《はかせ》が調《しら》べました。

それによると、アパトサウルスの足《あし》あとがついていたところは、大《おお》むかしのやわらかい

ゾウもカバも水遊《みずあそ》びがだいすきです

川底《かわぞこ》の土《つち》でした。

ところが、ふしぎなことに、足《あし》あとはついていても、長《なが》いしっぽのあとはありませんでした。

アパトサウルスのしっぽは、たいへん長《なが》いので、足《あし》あとがあれば、とうぜんしっぽをひきずったあとも、ついていなければならないはずです。

なぜだろう……。バード博士《はかせ》たちは、首《くび》をかしげて考《かんが》えました。

「そうだ、川《かわ》の中《なか》だったために、アパトサウ

ルスのしっぽは上《うえ》にういて、川底《かわぞこ》をひきずらなくてすんだのだ！」

バード博士《はかせ》は、そういいました。

この発見《はっけん》から、どうやらアパトサウルスのなかまは、敵《てき》におそわれたときは、水《みず》にはいり、体《からだ》をうかせながらにげたのではないか、といわれるようになりました。

そんなわけで、このものがたりでも、見《み》はり役《やく》のアパトやちびすけをはじめ、アパトサウルスのなかまたちが、アロサウルスにおそわれ、急《いそ》いで川《かわ》のほうへにげるようすをえが

きました。

**草食《そうしょく》のアパトサウルス**

さて、アパトサウルスのような、竜脚類《りゅうきゃくるい》とよばれるきょうりゅうには、どんななかまがいたでしょう。

そのいくつかを、ごしょうかいしましょう。

**プラテオサウルス**

フランス、ドイツ、スイスなど、ヨーロッ

プラテオサウルスの復元模型《ふくげんもけい》

パの三畳紀《さんじょうき》（およそ二億《おく》二千万年前《せんまんねんまえ》）の地層《ちそう》から発見《はっけん》された、竜脚類《りゅうきゃくるい》の祖先《そせん》と考《かんが》えられるきょうりゅうです。

体長《たいちょう》は、七～九メートルで、長《なが》い体《からだ》に小《ちい》さな頭《あたま》を持《も》ち、ふだんは前後《ぜんご》の足《あし》を地《じ》べたにつけて歩《ある》き（四足歩行《しそくほこう》といいます）、高《たか》い木《き》の葉《は》を食《た》べるときなどには、うしろ足《あし》で立《た》ちました。

同《おな》じなかまのルーフェンゴサウルスが、中《ちゅう》国《ごく》で発見《はっけん》されています。

ルーフェンゴサウルスの復元模型《ふくげんもけい》

## ケティオサウルス

その意味《いみ》はクジラトカゲ。一八〇九年《ねん》にイギリスで大《おお》きな骨《ほね》が見《み》つかったときは、海《うみ》にすむ巨大《きょだい》な生《い》き物《もの》と考《かんが》えられ、そんな名《な》まえがついたのです。

首《くび》は長《なが》く、尾《お》はみじかくて、歯《は》はスプーン型《がた》でした。体長《たいちょう》は一四〜一八メートルほど。ヨーロッパとアメリカで発見《はっけん》されています。

同《おな》じなかま（ブラキオサウルス科《か》）には、中国《ちゅうごく》で発見《はっけん》されたシュノサウルスや、インドで発見《はっけん》されたバラパサウルスなど、比較的首《ひかくてきくび》

シュノサウルスのしっぽの先《さき》には肉食《にくしょく》きょうりゅうとたたかうためのトゲがありました
シュノサウルス
ケティオサウルス

のみじかいきょうりゅうもいました。

## スーパーサウルス

ブラキオサウルス科《か》の中《なか》で、もっとも大《おお》きなきょうりゅうとして知《し》られています。

かつてウルトラサウルスとよばれていたスーパーサウルスは、一九七二年《ねん》、アメリカのコロラド州《しゅう》で発見《はっけん》されました。全長《ぜんちょう》は約《やく》三三メートル、首《くび》の長《なが》さだけでも一二メートルもありました。

**オピストコエリカウディア**

まるでしたをかみそうな名《な》まえですが、その意味《いみ》は「うしろがへこんだしっぽ」です。頭《あたま》と首《くび》のほかは、ほとんどの骨《ほね》がのこっていて、ポーランドの発掘隊《はっくつたい》によって、モンゴルで発見《はっけん》されました。

発掘《はっくつ》した古生物学者《こせいぶつがくしゃ》によると、しっぽはみずうみや沼《ぬま》にいる、しっぽで体《からだ》をささえるカメに似《に》ているそうです。体長《たいちょう》一二メートルで、七千万年前《せんまんねんまえ》（白亜紀後期《はくあきこうき》）にいたきょうりゅうです。

オピストコエリカウディアの復元模型《ふくげんもけい》

## ヒプセロサウルス

ティタノサウルス（巨大《きょだい》なトカゲ）科《か》のなかまで、ただひとつ、たまごが見《み》つかっています。

ヒプセロサウルスの体長《たいちょう》は一二メートルで、たまごは長《なが》さ三〇センチ、幅《はば》二五センチでした。フランスやスペインで骨《ほね》といっしょに見《み》つかりました。

そのことから、どんなに大《おお》きなきょうりゅうでも、たまごは想像《そうぞう》するほど、ばかでかい

ヒプセロサウルスのたまごの化石《かせき》

ものではなかったことがわかったのです。
このなかまには、首《くび》から背中《せなか》、わき腹《ばら》に骨《ほね》の板《いた》と骨《ほね》のこぶをつけた、サルタサウルスという、ふうがわりなきょうりゅうもいました。

**マメンチサウルス**

中国《ちゅうごく》で発見《はっけん》された、もっとも首《くび》の長《なが》いきょうりゅうとして、この本《ほん》のシリーズ『マメンチサウルス』の巻《かん》に登場《とうじょう》していますので、ぜひごらんください。

草食《そうしょく》きょうりゅうの糞《ふん》の化石《かせき》

糞《ふん》と一緒《いっしょ》に出《で》てきた胃石《いせき》が含《ふく》まれています

## 肉食《にくしょく》のアロサウルス

アパトサウルスにおそいかかり、さいごは川《かわ》でおぼれたアロサウルスについては、すでにこの本《ほん》のシリーズ『アロサウルス』の巻《かん》でしょうかいしました。

また『ステゴサウルス』の巻《かん》にも、悪役《あくやく》として登場《とうじょう》しています。

肉食《にくしょく》きょうりゅうには、アロサウルスとそのなかま（科《か》）のほかにも、カルカロドント

肉食《にくしょく》きょうりゅうティラノサウルスの糞《ふん》の化石《かせき》

糞《ふん》と一緒《いっしょ》に出《で》てきた、かみくだかれた獲物《えもの》の骨《ほね》が含《ふく》まれています

サウルス科《か》、メガロサウルス科《か》、ケラトサウルス科《か》、スピノサウルス科《か》、ティラノサウルス科《か》など、いろいろなきょうりゅうたちがいました。

それぞれの科《か》の代表選手《だいひょうせんしゅ》をしょうかいしておきましょう。

**カルカロドントサウルス**

カルカロドントサウルスは、この本《ほん》のシリーズ『メガロサウルス』でおなじみの、メガロサウルスのなかまです。

カルカロドントサウルスの復元模型《ふくげんもけい》

アフリカのモロッコというところで、はじめ二本《ほん》の歯《は》が発見《はっけん》され、その歯《は》がいかにもサメの歯《は》に似《に》ていたところから、「サメの歯《は》を持《も》つトカゲ」という意味《いみ》で名《な》づけられました。

そのあと、同《おな》じアフリカのモロッコで完全《かんぜん》な頭《あたま》の骨《ほね》が発見《はっけん》され、そのとくちょうから、肉食《にくしょく》きょうりゅうのメガロサウルスのなかまであることが、あきらかになったのです。

その頭骨《とうこつ》は、高《たか》さが高《たか》く、左右《さゆう》のはばがたいへんせまく、長《なが》さはきょうりゅうの王者《おうじゃ》テイラノサウルスと同《おな》じ、一・六メートルもの

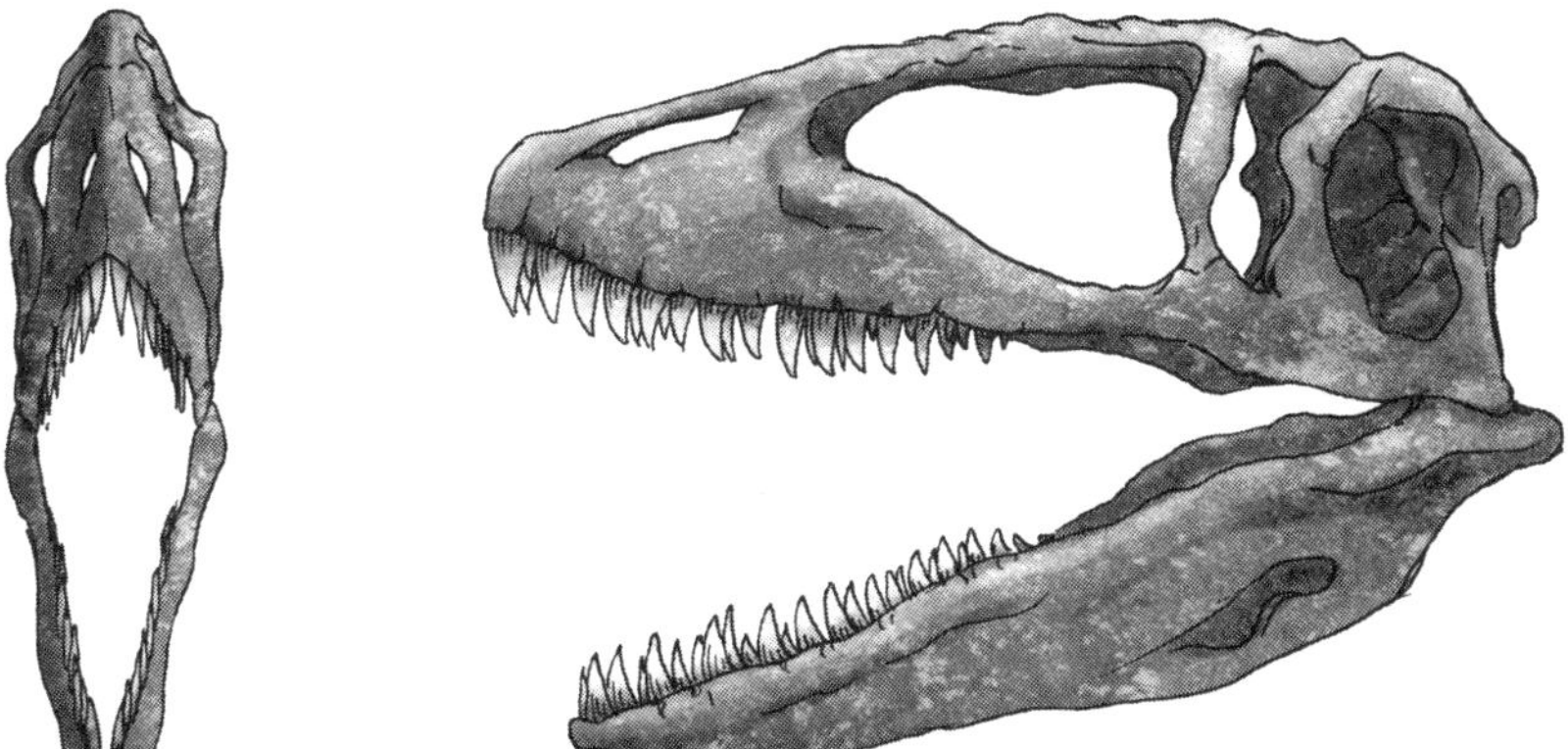

幅《はば》の薄《うす》いカルカロドントサウルスの頭骨《とうこつ》

大《おお》きさです。

この本《ほん》のシリーズ『アルゼンチノサウルス』の「ものがたり」の中《なか》で、悪役《あくやく》として登場《とうじょう》したギガノトサウルスも、かつて一億五千万年《おくせんまんねん》前《まえ》のゴンドワナ大陸時代《たいりくじだい》、アフリカと南《みなみ》アメリカとが陸《りく》つづきだったころの、同《おな》じなかまでした。

**ケラトサウルス**

ケラトサウルス科《か》のなかまは、鼻《はな》の上《うえ》に角《つの》のある大型《おおがた》の肉食《にくしょく》きょうりゅうで、ケラトサ

ケラトサウルスの復元模型《ふくげんもけい》

ウルスという名《な》まえも「角《つの》を持《も》つトカゲ」という意味《いみ》です。

頭《あたま》が大《おお》きく、鼻《はな》の上《うえ》にみじかい角《つの》があり、目《め》の上《うえ》にはコブがありました。はばの広《ひろ》いアゴには、曲《ま》がったキバを持《も》ち、草食《そうしょく》のきょうりゅうをおそいました。

アメリカのきょうりゅう学者《がくしゃ》は、ケラトサウルスの角《つの》は、めすのとりあいのとき、二頭《とう》のおすが、たがいに角《つの》をつきあわせて、たたかうためのものだったのかもしれない、といっています。

ケラトサウルスの頭骨《とうこつ》

骨《ほね》の化石《かせき》が、北《きた》アメリカと東《ひがし》アフリカで発見《はっけん》されています。

## スピノサウルス

スピノサウルスという名《な》は、「トゲトカゲ」という意味《いみ》で、史上最大級《しじょうさいだいきゅう》の肉食《にくしょく》きょうりゅうといわれています。

ティラノサウルスをこえる、体長《たいちょう》一五～一七メートルもある大《おお》きな体《からだ》の背中《せなか》には、二メートル近《ちか》いトゲの帆《ほ》をつけていました。

その帆《ほ》は、背骨《せぼね》がナイフのようにのびたも

スピノサウルスの復元模型《ふくげんもけい》

ので、太陽《たいよう》の熱《ねつ》をこの帆《ほ》にうけて、体《からだ》をひやしたのだろう、といわれています。

その歯《は》はワニに似《に》ていて、水中《すいちゅう》にすみ、魚《さかな》をおもに食《た》べていたのではないか、と考《かんが》えられています。

## セグノサウルス

肉食《にくしょく》きょうりゅうの中《なか》の、かわりものとして知《し》られています。「のろまトカゲ」という意味《いみ》の名《な》まえは、ちょっとかわいそうですね。

全長《ぜんちょう》九メートルのこのきょうりゅうは、歯《は》

セグノサウルスの復元模型《ふくげんもけい》

のないクチバシを持《も》ち、ほおにするどく小《ちい》さな歯《は》がありました。

みじかいうでには、三本《ぼん》のするどいカギづめ、長《なが》い足《あし》には、四本《ほん》の指《ゆび》がありました。

スピノサウルスのように、魚《さかな》を食《た》べていたのではないかとも考《かんが》えられており、中国《ちゅうごく》、モンゴルなどで骨《ほね》が発見《はっけん》されています。

## ティラノサウルス

ところで、肉《にく》を食《た》べるきょうりゅうのうち、いちばんおそろしいギャングは、なんといっ

カルカロドントサウルス（14メートル）

ギガノトサウルス（13メートル）　アロサウルス（9メートル）

てもティラノサウルスでしょう。

この本《ほん》のシリーズ『ティラノサウルス』の中《なか》に、ティラノサウルスのすべてが書《か》いてありますので、ぜひお読《よ》みください。

このようにして、およそ一億《おく》四千万年前《せんまんねんまえ》から一億年前《おくねんまえ》ごろにかけて、肉《にく》を食《た》べるきょうりゅうのなかまと、草《くさ》を食《た》べるきょうりゅうのなかまは、たいへんさかえました。

ところが、六千《せん》五百万年前《ひゃくまんねんまえ》ごろをさかいに、両方《りょうほう》ともすっかりほろんでしまい、地球上《ちきゅうじょう》からすがたをけしてしまいました。

## 肉食《にくしょく》きょうりゅうの大《おお》きさくらべ

ティラノサウルス（13メートル）　スピノサウルス（17メートル）

みなさんが、もしアパトサウルスにあいたくなったら、東京《とうきょう》・上野《うえの》にある国立科学博物館《こくりつかがくはくぶつかん》をたずねてください。そこでは実物《じつぶつ》の骨《ほね》で組《く》み立《た》てられた巨大《きょだい》なアパトサウルスに出《で》あえるはずです。

もし実物《じつぶつ》の骨《ほね》にさわりたくなったら、福井県立恐竜博物館《ふくいけんりつきょうりゅうはくぶつかん》をたずねてください。アパトサウルスではないけれど、同じ竜脚類《りゅうきゃくるい》のでっかい大腿骨《だいたいこつ》（ももの骨《ほね》）にふれることができるはずです。

いまやアパトサウルスは、ティラノサウル

スやステゴサウルスなどとならんで、映画《えいが》やアニメに登場《とうじょう》し、すっかり人気《にんき》きょうりゅうになりました。

映画《えいが》「ロストワールド」や「キング・コング」に登場《とうじょう》し、テレビ番組《ばんぐみ》「怪獣王子《かいじゅうおうじ》」に出《で》てくるネッシーは、「ブロントサウルス」とよばれていたころのアパトサウルスでした。

「ジュラシック・パーク」シリーズや、アニメ「リトルフット」の主人公《しゅじんこう》で登場《とうじょう》したのも〝ブロントサウルス時代《じだい》〟のアパトサウルスです。

福井県《ふくいけん》立《りつ》恐竜《きょうりゅう》博物館《はくぶつかん》の竜脚類《りゅうきゃくるい》の大腿骨《だいたいこつ》

そして最近《さいきん》、二〇一六年《ねん》にわが国《くに》で公開《こうかい》されたディズニー作品《さくひん》「アーロと少年《しょうねん》」で主人公《しゅじんこう》アーロを演《えん》じたのも、アパトサウルスです。

きょうりゅうの子《こ》どもと、人間《にんげん》の少年《しょうねん》との出《で》あいをとおして、その成長《せいちょう》や、家族愛《かぞくあい》、友《ゆう》情《じょう》をえがいた感動的《かんどうてき》な作品《さくひん》ですが、機会《きかい》があったら、ぜひごらんになってください。

きょうりゅうの世界《せかい》が、またちがって見《み》えてくるかもしれません。

人間《にんげん》が地球上《ちきゅうじょう》に現《あらわ》れる前《まえ》に
きょうりゅうはほろびましたが
いつの日《ひ》か会《あ》えたらいいですね

**たかしよいち**
1928年熊本県生まれ。児童文学作家。壮大なスケールの冒険物語、考古学への心おどる案内の書など多くの作品がある。主な著作に『埋ずもれた日本』(日本児童文学者協会賞)、『竜のいる島』(サンケイ児童図書出版文化賞・国際アンデルセン賞優良作品)、『狩人タロの冒険』などのほか、漫画の原作として「まんが化石動物記」シリーズ、「まんが世界ふしぎ物語」シリーズなどがある。

**中山けーしょー**
1962年東京都生まれ。本の挿絵やゲームのイラストレーションを手がける。主な作品に、小前亮の「三国志」シリーズ、「逆転!痛快!日本の合戦」シリーズなどがある。現在は、岐阜県在住。

◇本書は、2001年6月に刊行された「まんがなぞとき恐竜大行進8たたかうぞ!アパトサウルス」を、最新情報にもとづき改稿し、新しいイラストレーションによってリニューアルしました。

新版なぞとき恐竜大行進
**アパトサウルス** ムチの尾をもつカミナリ竜

2016年7月初版
2021年9月第2刷発行
文 たかしよいち
絵 中山けーしょー
発行者 内田克幸
発行所 株式会社理論社
〒101-0062 東京都千代田区神田駿河台2-5
電話[営業]03-6264-8890 [編集]03-6264-8891
URL https://www.rironsha.com
企画………… 山村光司
編集・制作 … 大石好文
デザイン …… 新川春男(市川事務所)
組版………… アズワン
印刷・製本 … 中央精版印刷
制作協力 …… 小宮山民人


ISBN978-4-652-20151-0 NDC457 A5変型判 21cm 86P

遠いとおい大昔、およそ1億6千万年にもわたって
たくさんの恐竜たちが生きていた時代――。
かれらはそのころ、なにを食べ、どんなくらしをし、
どのように子を育て、たたかいながら……
長い世紀を生きのびたのでしょう。
恐竜なんでも博士・たかしよいち先生が、
新発見のデータをもとに痛快にえがく

## 「なぞとき恐竜大行進」シリーズが、
## 新版になって、ゾクゾク登場!!

新版 なぞとき 恐竜大行進

**第Ⅰ期 全5巻**

①フクイリュウ　福井で発見された草食竜
②アロサウルス　あばれんぼうの大型肉食獣
③ティラノサウルス　史上最強！恐竜の王者
④マイアサウラ　子育てをした草食竜
⑤マメンチサウルス　中国にいた最大級の草食竜

**第Ⅱ期 全5巻**

⑥アルゼンチノサウルス　これが超巨大竜だ！
⑦ステゴサウルス　背びれがじまんの剣竜
⑧アパトサウルス　ムチの尾をもつカミナリ竜
⑨メガロサウルス　世界で初めて見つかった肉食獣
⑩パキケファロサウルス　石頭と速い足でたたかえ！

**第Ⅲ期 全5巻**

⑪アンキロサウルス　よろいをつけた恐竜
⑫パラサウロロフス　なぞのトサカをもつ恐竜
⑬オルニトミムス　ダチョウの足をもつ羽毛恐竜
⑭プテラノドン　空を飛べ！巨大翼竜
⑮フタバスズキリュウ　日本の海にいた首長竜